BERICHTE ÜBER DIE VERHANDLUNGEN DER SÄCHSISCHEN AKADEMIE DER WISSENSCHAFTEN ZU LEIPZIG

Mathematisch-naturwissenschaftliche Klasse
Band 104 • Heft 5

OTT-HEINRICH KELLER

ZUR BERECHNUNG DES GALOIS'SCHEN KÖRPERS UND DER GALOIS'SCHEN GRUPPE EINER GLEICHUNG IN ERTRÄGLICH VIELEN SCHRITTEN

AKADEMIE-VERLAG • BERLIN
1961

BERICHTE ÜBER DIE VERHANDLUNGEN DER SÄCHSISCHEN AKADEMIE DER WISSENSCHAFTEN ZU LEIPZIG

MATHEMATISCH-NATURWISSENSCHAFTLICHE KLASSE

Band 97

Heft 1 Prof. Dr. ERICH STRACK / Beobachtungen über den endogenen Anteil des Kot-Stickstoffs 24 Seiten – 8° – 1949 – DM 2,50 *(vergriffen)*

Heft 2 Prof. Dr. ERNST HÖLDER / Über die Variationsprinzipe der Mechanik der Kontinua 13 Seiten – 8° – 1950 – DM 2,75 *(vergriffen)*

Heft 3 Dr. H. GERSTNER / Dr. H. BAARK / Dr. H. GRAUL / Der Wechselstromwiderstand der Froschhaut 25 Seiten – 8° – 1950 – DM 2,75 *(vergriffen)*

Heft 4 Prof. Dr. HERBERT BECKERT / Existenz- und Eindeutigkeitsbeweise für das Differenzenverfahren zur Lösung des Anfangswertproblems, des gemischten Anfangs-Randwert- und des charakteristischen Problems einer hyperbolischen Differentialgleichung zweiter Ordnung mit zwei unabhängigen Variablen 42 Seiten – 8° – 1950 – DM 9,– *(vergriffen)*

Heft 5 Prof. Dr. HERBERT BECKERT / Über quasilineare hyperbolische Systeme partieller Differentialgleichungen erster Ordnung mit zwei unabhängigen Variablen. Das Anfangswertproblem, die gemischte Anfangs-Randwertaufgabe, das charakteristische Problem 68 Seiten – 8° – 1950 – DM 14,50 *(vergriffen)*

Heft 6 Prof. Dr.-Ing. ENNO HEIDEBROEK / Das Verhalten von zähen Flüssigkeiten, insbesondere Schmierflüssigkeiten, in engen Spalten Nachdruck – 40 Seiten – 24 Abbildungen – 8° – 1952 – DM 5,80 *(vergriffen)*

Heft 7 Prof. Dr. HANS SCHUBERT / Über eine lineare Integrodifferentialgleichung mit Zusatzkern 52 Seiten – 8° – 1950 – DM 9,25 *(vergriffen)*

Heft 8 Dipl. Phys. HELMAR KRUPP / Bestimmung der allgemeinen Lösung der Schrödinger-Gleichung für Coulomb-Potential 28 Seiten – 8° – 1950 – DM 5,50 *(vergriffen)*

Band 98

Heft 1 Prof. Dr. WALTER SCHNEE / Über magische Quadrate und lineare Gitterpunktprobleme 48 Seiten – 8° – 1951 – DM 4,65 *(vergriffen)*

Heft 2 Prof. Dr.-Ing. ENNO HEIDEBROEK / Über die Beziehungen zwischen Schmierung und Verschleiß bei geschmierter Gleitreibung Nachdruck – 36 Seiten – 5 Abbildungen – 8° – 1954 – DM 2,75

Heft 3 Prof. Dr.-Ing. e. h. KARL KEGEL / Der Salzstock Mirowo bei Provadia in Bulgarien 26 Seiten – 9 Abbildungen– 8° – 1951 – DM 3,– *(vergriffen)*

Heft 4 Prof. Dr. HERBERT BECKERT / Prof. Dr. HANS SALIÉ / Bemerkungen über die Verbiegung hyperbolisch gekrümmter Flächenstücke / Über Abels Verallgemeinerung der binomischen Formel 22 Seiten – 2 Abbildungen – 8° – 1951 – DM 2,25 *(vergriffen)*

Heft 5 Prof. Dr. ERICH STRACK / Die Dauerinfusion als Verfahren zur Erforschung des Kohlenhydratstoffwechsels des Tierkörpers 20 Seiten – 8° – 1952 – DM 2,– *(vergriffen)*

BERICHTE ÜBER DIE VERHANDLUNGEN DER SÄCHSISCHEN AKADEMIE DER WISSENSCHAFTEN ZU LEIPZIG

Mathematisch-naturwissenschaftliche Klasse
Band 104 • Heft 5

OTT-HEINRICH KELLER

ZUR BERECHNUNG DES GALOIS'SCHEN KÖRPERS UND DER GALOIS'SCHEN GRUPPE EINER GLEICHUNG IN ERTRÄGLICH VIELEN SCHRITTEN

AKADEMIE-VERLAG • BERLIN
1961

Vorgetragen in der Sitzung vom 25. Januar 1960
Manuskript eingeliefert am 10. Oktober 1960
Druckfertig erklärt am 4. April 1961

Erschienen im Akademie-Verlag GmbH, Berlin W 8, Leipziger Straße 3–4

Lizenz-Nr. 202 · 100/503/61
Satz und Druck: IV/2/14 · VEB Werkdruck Gräfenhainichen · 1542
Bestellnummer: 2027/104/5
Preis: DM 2,–
Printed in Germany
ES 19 B 2

Bekanntlich ist der Galoissche Körper und die Galoissche Gruppe einer Gleichung leicht zu definieren, aber die tatsächliche Berechnung ist ungeheuer umfangreich. Sind etwa $\alpha_1, \ldots, \alpha_n$ die Nullstellen eines irreduziblen Polynoms $f(x)$, sind $u_1, \ldots, u_n$ Unbestimmte, so bilde man $F(x) = \Pi\left(x - \sum_i^n u_i \alpha_{k_i}\right)$, wo das Produkt über alle Permutationen $(k_1, \ldots, k_n)$ zu erstrecken ist. Man zerlege $F(x)$ in irreduzible Faktoren; jeder von ihnen heißt dann eine Galoissche Resolvente. Der Körper dieser Koeffizienten ist der Galoissche Körper. Die Gruppe derjenigen Permutationen der u_i, die sie ungeändert lassen, ist die Galoissche Gruppe.

Ist $n = 5$, so sind zur Berechnung von $F(x)$ im ganzen $6^{120} \approx 10^{105}$ Glieder hinzu zu schreiben, die sich dann zu $\binom{126}{6} \approx 10^{11}$ Gliedern zusammenordnen lassen. Die Hauptschwierigkeit liegt dann aber in der Zerlegung dieses Polynoms in irreduzible Faktoren. Eine tatsächliche Berechnung auf diesem Wege liegt wohl für alle Zeiten außerhalb jeder menschlichen Möglichkeit.

Haupt [1] § 21, 1, zeigt, daß man die unbestimmten u_i durch solche Zahlen ersetzen kann, für die die Diskriminante von $F(x)$ nicht Null wird. Eine Ausnutzung dieses Satzes würde aber bedeuten, daß man die Diskriminante von $F(x)$ als Funktion der Unbestimmten erst einmal auszurechnen hätte, z. B. für $n = 5$ durch eine 120reihige Determinante, deren Elemente Polynome bis zu 240. Grades in den u_i sind.

Da nun die Galoissche Gruppe für die Einsicht in die algebraische Struktur einer Gleichung von grundlegender Bedeutung ist, scheint es mir sinnvoll, mir einmal über die Möglichkeiten Gedanken zu machen, die Berechnung so zu gestalten, daß man sie in einfachen Fällen mit Aussicht auf Erfolg angreifen kann.

Eine sehr elegante und leicht zu handhabende Methode, die Galoissche Gruppe nach unten abzuschätzen, gab van der Waerden [7] § 56; sie reicht in „fast allen“ Fällen aus, zu zeigen, daß die Gruppe die symmetrische ist. Ist sie es jedoch nicht, so versagt diese Methode.

Was ich Ihnen hier vorzulegen habe, ist im wesentlichen nur eine ganz kleine und schnell zu beweisende Bemerkung über die Spezialisierung der Unbestimmten. Jedoch scheint mir die Frage wichtig genug, um auch kleine Fortschritte zu ihrer Beantwortung mitzuteilen. Dies geschieht in § 1. Im weiteren sei dann die Auswirkung dieses Gedankens auf die vorhandenen Methoden durchgedacht. Es sei dabei im wesentlichen der Körper der rationalen Zahlen als Grundkörper ins Auge gefaßt. Jedenfalls sei er separabel, und es sei in ihm die Faktorzerlegung jedes Polynoms eindeutig und tatsächlich ausführbar.[1]) Weiter wollen wir verabreden, daß die Wurzel aus der Determinante immer zuerst zu adjungieren ist. In § 2 wird ein Plan zur Bestimmung des GALOISschen Körpers aufgestellt. Die Schwierigkeit, die dabei zu überlegen ist, ist die Zerlegung eines Polynoms innerhalb eines algebraischen Zahlkörpers in irreduzible Faktoren. Dafür hat VAN DER WAERDEN [7] § 37 eine elegante und handliche Anweisung gegeben. Zum Leidwesen sehr vieler Mathematiker hat er diesen Paragraphen in den späteren Auflagen unterdrückt. Jedenfalls gab er mir damit die Anregung zu den hier vorliegenden Überlegungen.

Die drei mühevollen Schritte, die bei seinem Verfahren zu gehen sind, sind die folgenden: Man hat zuerst die *Norm* eines Polynoms zu bilden. Dann ist diese Norm in *Primfaktoren* zu zerlegen. Schließlich ist von jedem dieser Primfaktoren der *größte gemeinsame Teiler* mit den gegebenen Polynomen zu suchen.

Die Schwierigkeit der Polynomzerlegung ist schon grundsätzlich von ganz anderem Gewicht als die Bildung der Norm und die Auffindung des größten gemeinsamen Teilers. Bei der Polynomzerlegung muß eine Reihe von Möglichkeiten so lange durchprobiert werden, bis man die richtige Zerlegung gefunden oder die Unzerlegbarkeit bewiesen hat. Selbst wenn man die Zerlegbarkeit in Polynome bestimmter Grade algorithmisch durch Bildung von größtem gemeinsamem Teiler und Lösung von Polynomkongruenzen entscheiden kann, so bleibt doch noch jede Möglichkeit der Zerlegung der Gradzahl in eine Summe einzeln durchzuprüfen. Der größte gemeinsame Teiler und die Norm hingegen sind algorithmisch zu berechnen, wenn auch die Rechnung sehr umfangreich werden kann. In § 3 soll also gezeigt werden, wie man mit Hilfe des Satzes von § 1 das Verfahren von VAN DER WAERDEN neu begründen und durch Spezialisierung der Unbestimmten handlicher gestalten kann. In § 4 werden einzelne Verfahren zur Bestimmung der Norm gegeneinander abgewogen. In § 5 wird einiges darüber zu sagen sein, zu welchen konkreten Werten man die Unbe-

[1]) Bei W. KRULL [3] § 20 werden solche Körper Z-Körper genannt.

stimmten am zweckmäßigsten spezialisiert. In § 6 soll dann einiges über die Polynomzerlegung im rationalen Zahlkörper, in § 7 im quadratischen Zahlkörper gesagt, insbesondere eine Abschätzung der Koeffizienten gegeben werden.

Schließlich können wir dann in § 8 die Konstruktion der GALOISschen Gruppe auseinandersetzen. Es zeigt sich, daß dabei nur noch einfache Rechnungen nötig sind, die man schnell ausführen kann. Obwohl diese Konstruktion ziemlich nahe liegt, ist sie mir noch nicht in der Literatur begegnet. Die Vorschrift, die KRULL [3] gibt, geht von einem primitiven Element ϑ des GALOISschen Körpers aus und berechnet die GALOISsche Gruppe als Gruppe derjenigen rationalen Funktionen von ϑ, die die Konjugierten von ϑ darstellen. Die Berechnung dieser rationalen Funktionen verlangt jedoch im allgemeinen die Auflösung eines Systems von $n!$ linearen Gleichungen und wird daher äußerst mühevoll sein. In § 9 werden einige Beispiele betrachtet.

§ 1. Lineare Beziehungen zwischen den Wurzeln algebraischer Gleichungen

Es sei p ein Primzahl, K ein Körper, der die p-ten Einheitswurzeln nicht enthält, $f(x) \in K[x]$ ein irreduzibles Polynom vom Grade p.

Satz 1. *Zwischen den Nullstellen von $f(x)$ besteht keine lineare Relation mit Koeffizienten aus K außer den Vielfachen der trivialen, daß die Summe der Nullstellen negativ genommen gleich dem Koeffizienten von x^{p-1} in $f(x)$ ist.*

Wir brauchen uns nur um die homogenen linearen Relationen zu bekümmern, denn eine inhomogene läßt sich leicht durch eine lineare TSCHIRNHAUStransformation darauf zurückführen.

Die Gruppe der Gleichung ist eine transitive Permutationsgruppe der Wurzeln $\alpha_0, \ldots, \alpha_{p-1}$. Ihre Ordnung enthält p als Faktor. Also gibt es nach dem SYLOWschen Satz ein Element p-ter Ordnung, und dieses kann in der Permutationsgruppe der Wurzeln bei geeigneter Numerierung nur die Gestalt $\sigma = (0,1, \ldots, p-1)$ haben. Wir können die Wurzeln so numerieren, daß $\alpha_i = \sigma^i \alpha_0$ $(i = 0, \ldots, p-1)$ ist. σ erzeugt eine zyklische Gruppe. Es sei R der Gruppenring dieser zyklischen Gruppe über K als Koeffizientenkörper; es sei M der Modul der Linearformen der Wurzeln mit demselben Koeffizientenkörper. Die Abbildung

$$\sum_{i=0}^{p-1} c_i \sigma^i \to \left(\sum_{i=0}^{p-1} c_i \sigma^i\right) \alpha_0 = \sum_{i=0}^{p-1} c_i \alpha_i$$

von R auf M ist ein Operatorhomomorphismus; dabei fassen wir die Elemente des Gruppenrings gleichzeitig als Operatoren auf, die aufeinander durch Multiplikation von links wirken.

Nun ist R isomorph dem Restklassenring $K[\sigma]/\sigma^p - 1$. In ihm hat jeder Nicht-Nullteiler ein Inverses. Jedes Ideal ist Hauptideal; es wird durch einen Nicht-Nullteiler erzeugt. Es gibt nur die Ideale (1), $(\sigma - 1)$ und $(\varphi(\sigma))$ mit $\varphi(\sigma) = \sigma^{p-1} + \cdots + \sigma + 1$. Diese Ideale sind idempotent, da die Teilbarkeit durch das Quadrat der jeweiligen Erzeugenden keine Eigenschaft der Restklasse ist. Wäre $(\sigma - 1) = 0$, so wären alle Wurzeln einander gleich. Da $\sigma\varphi(\sigma) = \varphi(\sigma)$ in R ist, besteht das Ideal $(\varphi(\sigma))$ in R aus den Vielfachen $k \cdot \varphi(\sigma)$ mit $k \in K$. $\varphi(\sigma) = 0$ bedeutet nur, daß die Summe der Wurzeln gleich 0 ist. Jede andere lineare Beziehung zwischen den Wurzeln muß hiermit äquivalent sein.

Wir mußten wesentlich davon Gebrauch machen, daß die Gradzahl eine Primzahl ist. Wir konnten dann allein aus der Transitivität der Gruppen auf die Existenz einer transitiven zyklischen Untergruppe schließen. Bei zusammengesetzter Gradzahl ist dieser Schluß nicht mehr möglich. Andererseits ist der Satz auch nicht mehr richtig: Für $n = 4$ kann es sehr wohl lineare Relationen zwischen den Wurzeln geben, z. B. ist, wenn nur Glieder geraden Grades in der Gleichung vorkommen, $\alpha_1 + \alpha_2 = 0$.

Satz 2. *Sind $\alpha_1, \ldots, \alpha_k$ irgendwelche Wurzeln einer irreduziblen algebraischen Gleichung vom Primzahlgrad, und sind $u_1, \ldots, u_k$ paarweise verschiedene Zahlen eines Körpers, der die p-ten Einheitswurzeln nicht enthält, so ist $\vartheta = \sum_{i=1}^{k} \alpha_i u_i$ ein primitives Element des Körpers $\Lambda = K(\alpha_1, \ldots, \alpha_k)$.*

Wäre ϑ nicht primitiv, so erzeugte es einen Unterkörper von Λ und bliebe bei mindestens einem von den identischen verschiedenen Automorphismus σ von Λ invariant. Es sei $\sigma(\alpha_i) = \alpha_{ji}$. Dann wäre $\sum_{i=1}^{k} u_i \alpha_i - \sum_{i=1}^{k} u_i \alpha_{ji}$, und dies wäre eine lineare homogene Relation zwischen den Wurzeln, deren Koeffizientensumme gleich 0 ist, also sicher kein Vielfaches von $\sum_{i=1}^{n} \alpha_i$, was nach Satz 1 nicht möglich ist.

§ 2. Die Konstruktion des GALOISschen Körpers

Es sei K ein solcher Körper, daß die Faktorzerlegung jedes Polynoms $K[x_1]$ eindeutig und tatsächlich ausführbar ist (bei KRULL [3] Z-Körper) z. B. der Körper der rationalen Zahlen oder ein quadratischer Zahlkörper. Es sei $f(x_1)$ ein Polynom aus $K[x_1]$. Für die Konstruktion des GALOISschen Körpers von $f(x_1) = 0$ ist der Weg vorgezeichnet: Man hat alle Wurzeln der Gleichung zu K zu adjungieren. Es sei mir gestattet, die tatsächliche Ausführung dieser Vorschrift anzudeuten, wie wir sie im folgenden brauchen werden.

Wir wollen dabei statt mit den Wurzeln mit Kongruenzen nach Polynomidealen in folgender Weise rechnen: Angenommen, wir hätten bereits Unbestimmte $x_1, \ldots, x_{i-1}$ und x_i eingeführt. In dem Ring $K[x_1, \ldots, x_{i-1}]$ sei das Primideal

$$\mathfrak{P}_{i-1} = (f(x_1), f_1^1(x_2, x_1), \ldots, f_{i-2}^1(x_{i-1}, x_{i-2}, \ldots, x_1))$$

gebildet. Es sei $K[x_1, \ldots, x_{i-1}]/\mathfrak{P}_{i-1} = K_{i-1}$.

Für $i = 1$ ist dabei $K[x_1, \ldots, x_{i-1}] = K$, $\mathfrak{P}_{i-1} = \mathfrak{o}$, $K_{i-1} = K$, für $i = 2$ ist $f_{i-2}^1(x_{i-1}, \ldots, x_1) = f(x_1)$ zu setzen. Angenommen, wir hätten (mod $\mathfrak{P}_{i-1}$) schon die Zerlegung in irreduzible Faktoren

$$f(x_i) \equiv \prod_{j=1}^{i-1} (x_i - x_j) \prod_{r=1}^{s_j} f_{i-1}^r (x_i, x_{i-1}, \ldots, x_1) \pmod{\mathfrak{P}_{i-1}}$$

gefunden. Für $i = 1$ bedeutet dies die Identität. In $K[x_1, \ldots, x_i]$ bilden wir das Ideal

$$\mathfrak{P}_i = \mathfrak{P}_{i-1}(f_{i-1}^1(x_i, \ldots, x_1)) = (f(x_1), f_1^1(x_2, x_1), \ldots, f_{i-1}^1(x_i, \ldots, x_1)).$$

Es sei $K_i = K[x_1, \ldots, x_i]/\mathfrak{P}_i$. Die Restklasse (mod $\mathfrak{P}_i$), die x_i enthält, nennen wir α_i. Wir führen eine weitere Unbestimmte x_{i+1} ein; es wird $f(x_{i+1})$ (mod $\mathfrak{P}_i$) durch $(x_{i+1} - x_i)$ teilbar:

$$f(x_{i+1}) \equiv \prod_{j=1}^{i} (x_{i+1} - x_j) \prod_{r=1}^{s_i} g_i^r (x_{i+1}, \ldots, x_1)$$

$$\text{mit } g_i^1(x_{i+1}, x_i, \ldots, x_1) \equiv \frac{f_{i-1}^1(x_{i+1}, x_{i-1}, \ldots, x_1)}{x_{i+1} - x_i} \pmod{\mathfrak{P}_i}$$

$$g_i^r(x_{i+1}, x_i, \ldots, x_1) \equiv f_{i+1}^r(x_{i+1}, x_{i-1}, \ldots, x_1) \pmod{\mathfrak{P}_i} \; (r \geqq 2).$$

Diese Polynome müssen wir nun in $K_i[x_{i+1}]$ in irreduzible Faktoren zerlegen:

$$f(x_{i+1}) = \prod_{j=1}^{i} (x_{i+1} - x_j) \prod_{r=1}^{s_{i+1}} f_i^r (x_{i+1}, x_i, \ldots, x_1).$$

Diese Zerlegung macht in der tatsächlichen Berechnung die größte Mühe; darüber wird in den §§ 3–7 noch einiges zu sagen sein. Die Zerlegung ist dazu notwendig, daß die Ideale immer Primideale sind. Ist $f_{i-1}^1(x_i, \ldots, x_1)$ linear in x_i, so ist $K_i = K_{i-1}$, und die gegebene Vorschrift bleibt zwar richtig, bedeutet aber nur eine Bezeichnungsänderung.

Nach n Schritten ist dann $f(x)$ in Linearfaktoren zerlegt, und K_n ist der zu $f(x)$ gehörige Normalkörper.

Die Polynome $f_i^1(x_{i+1}, \ldots, x_1)$ $(i = 0, \ldots, n-1)$ heißen bei TSCHEBOTARÖW [6] die „*Fundamentalmoduln*".

§ 3. Faktorzerlegung im algebraischen Zahlkörper

Es sei K ein solcher Körper, daß für die Faktorzerlegung von Polynomen aus $K[x]$ Verfahren bestehen. Es sei $K(\vartheta)$ eine algebraische Erweiterung. Es seien $\vartheta_1 = \vartheta, \vartheta_2, \ldots, \vartheta_n$ die konjugierten von ϑ. Es sei $f(x, \vartheta)$ ein Polynom n-ten Grades aus $K(\vartheta)[x]$; wir fragen nach der Faktorzerlegung von $f(x, \vartheta)$ über $K(\vartheta)$. Zunächst können wir $f(x, \vartheta)$ auf rationale Weise in Potenzprodukte von Polynomen zerlegen, die je nur einfache Wurzeln haben. Wir wollen also annehmen, $f(x, \vartheta)$ enthalte keinen mehrfachen Bestandteil. Dadurch vereinfacht sich der Beweis.

Es seien α_{ik} $(k = 1, \ldots, m)$ die Wurzeln von $f(x, \vartheta_i) = 0$. Für festes i sind sie alle verschieden, während Wurzeln mit verschiedenem erstem Index durchaus einander gleich sein können. Es sei $\beta_{ik} = \alpha_{ik} + u\vartheta_i$ $(u \in K)$ ein primitives Element des Körpers $K(\vartheta_i, \alpha_{ik})$; es sei also u so gewählt, daß diese β_{ik} alle verschieden sind, für gleiche und verschiedene i. Es ist dann β_{ik} eine Wurzel von $g(y, \vartheta_i) = f(y - u\vartheta_i, \vartheta_i) = 0$. Für verschiedene i sind also die $g(y, \vartheta_i)$ als Polynome in y paarweise teilerfremd. Es sei $F(y) = \prod_{i=1}^{n} g(y, \vartheta_i) = Ng(y, \vartheta)$. Da die Koeffizienten von $F(y)$ in K liegen, können wir es nach Voraussetzung in irreduzible Faktoren $F(y) = \prod_{\varrho=1}^{r} F_r(y)$ zerlegen. Es können dabei keine mehrfachen Faktoren auftreten, weil die Wurzeln von $F(y)$, nämlich die β_{ik} alle verschieden sind.

Es sei nun $g_\varrho(y,\vartheta)$ der größte gemeinsame Teiler von $F_\varrho(y)$ und $g(y,\vartheta)$. Die $g_\varrho(y,\vartheta)$ sind paarweise teilerfremd; daher geht auch ihr Produkt in $g(y,\vartheta)$ auf. Wir setzen $g(y,\vartheta) = \prod_{\varrho=1}^{r} g_\varrho(y,\vartheta) \cdot h(y,\vartheta)$. Dann muß $h(y,\vartheta)$ zu jedem $F_\varrho(y)$ und daher auch zu $F(y)$ selbst teilerfremd sein, andererseits mit $g(y,\vartheta)$ in $F(y)$ aufgehen, ist also 1.

Es ist $N g_\varrho(y,\vartheta) \in K[y]$ und hat mit $F_\varrho(y)$ einen Faktor gemein, ist also durch $F_\varrho(y)$ teilbar. Da aber $F(y) = N g(y,\vartheta) = \prod_{\varrho=1}^{1} N g_\varrho(y,\vartheta)$, muß $F_\varrho(y) = N g_\varrho(y,\vartheta)$ sein. $g_\varrho(y,\vartheta)$ ist über $K(\vartheta)$ irreduzibel; denn die Norm jedes echten Teilers müßte ein echter Teiler seiner irreduziblen Norm $F_\varrho(y)$ sein, was nicht möglich ist.

Setzen wir nun $f_\varrho(x,\vartheta) = g_\varrho(x+u\vartheta,\vartheta)$, so haben wir im $f(x,\vartheta) = \prod_{\varrho=1}^{r} f_\varrho(x,\vartheta)$ die Zerlegung von $f(x,\vartheta)$ in irreduzible Faktoren vor uns.

Alles das hängt so lange in der Luft, als wir die Zahl u nicht angeben können. Bei ihrer Bestimmung haben wir von einem Körper $K(\vartheta_i, \alpha_{ik})$ gesprochen, den wir noch gar nicht zur Verfügung haben, ehe wir die Faktorzerlegung von $f(x,\vartheta)$ ausgeführt haben. Wir können aber immer Werte von u angeben, die auf alle Fälle den Anforderungen genügen. Nach [7] ist jede Zahl u verwendbar, die nicht in der Diskriminante von $f(x)$ aufgeht. Entsteht insbesondere $K(\vartheta)$ aus K durch Adjunktion einer Anzahl von Wurzeln $\alpha_1, \ldots, \alpha_s$ einer algebraischen Gleichung vom Primzahlgrad p und sind die α_{ik} Wurzeln derselben Gleichung, so ist $\sum_{r=1}^{s} u_r \alpha_r + u\,\alpha_{ik}$ nach Satz 2 immer ein primitives Element des erwähnten Körpers, wenn die u_r und u alle verschieden sind und K die p-ten Einheitswurzeln nicht enthält.

§ 4. Berechnung der Norm

Um nun die in § 3 geforderte Norm $Ng(x,\vartheta)$ zu berechnen, gibt es verschiedene Wege. Man kann eine Basis $\mathfrak{w}^T = (\omega_1, \ldots, \omega_n)$ von $K(\vartheta)$ aufstellen. Entsteht $K(\vartheta)$ auch durch Adjunktion von einer Reihe von Wurzeln $\alpha_1, \ldots, \alpha_i$, einer algebraischen Gleichung, so ist es zweckmäßig, die Basis aus Potenzprodukten dieser Wurzeln zusammenzusetzen und nicht aus Potenzen eines primitiven Elements.

Man hat dann die Vielfachen $g(x, \vartheta)\,\mathfrak{w} = \mathfrak{L}\,\mathfrak{w}$ auszurechnen, wo $\mathfrak{L}$ eine (n, n)-reihige Matrix bedeutet, deren Elemente Polynome aus $K[x]$ sind. Dann ist $Ng(x, \vartheta) = |\mathfrak{L}|$. Daß die Elemente dieser Determinante Polynome sind, ist für die numerische Rechnung unvorteilhaft.

Diesen Übelstand vermeiden wir, wenn wir eine – freilich noch unbekannte Wurzel α von $f(x, \vartheta) = 0$ heranziehen. Statt α rechnen wir besser mit derjenigen Restklasse $\bar{\alpha}$ des Restklassenrings $R(\vartheta, \bar{\alpha}) = K(\vartheta)[x]/f(x, \vartheta)$, die x enthält. Ist $f(x, \vartheta)$ zerlegbar, so ist diese Restklasse von allen Wurzeln von $f(x, \vartheta) = 0$ verschieden; wohl aber gibt es zu jeder Wurzel α einen Homomorphismus σ von $R(\vartheta, \bar{\alpha})$, bei dem $\sigma(\bar{\alpha}) = \alpha$. Wir stellen eine Basis $\bar{\mathfrak{w}}^T = (\bar{\omega}_1, \ldots, \bar{\omega}_{m\,n})$ von $R(\vartheta, \bar{\alpha})$ auf und drücken sie durch die Basis von $K(\vartheta)$ und $\bar{\alpha}$ aus; dann ist $N_{K(\vartheta)}\, g(x, \vartheta) = N_{K(\vartheta, \bar{\alpha})}\,(x - \beta)$ wo $\beta = \bar{\alpha} + u\vartheta$. Zur Berechnung dieses Ausdrucks stellen wir die Produkte $\beta\bar{\omega}_i$ durch die Basis dar: $\beta\bar{\mathfrak{w}} = \bar{\mathfrak{L}}\bar{\mathfrak{w}}$ und wenden das oben angegebene Verfahren auf das Polynom $x - \beta$ an; dann wird $Ng(y, \vartheta) = |x\mathfrak{E} - \bar{\mathfrak{L}}|$. Wir haben hier zwar eine erheblich größere Reihenzahl der Determinante, dafür aber sind die Elemente von $\bar{\mathfrak{L}}$ konstante Zahlen aus K. Wir bekommen $Ng(x, \vartheta)$ als charakteristische Gleichung von $\bar{\mathfrak{L}}$. Da $\bar{\mathfrak{L}}$ selbst ihr genügen muß, kann man sie in der folgenden Weise errechnen: Man bestimme solche Koeffizienten b_i, daß $\sum_{i=1}^{m \cdot n} b_i \bar{\mathfrak{L}}^i = 0$ wird. Es muß $b_{m\,n} = 1$ sein. Es genügt dazu, diese Gleichung für eine einzige Spalte, etwa die erste anzusetzen; dadurch erhält man genügend viele Gleichungen. Ist K der Körper der rationalen Zahlen, so sind diese mit Hilfe von Rechenautomaten leicht zu lösen.

§ 5. Spezialisierung der Unbestimmten

In § 2 hatte sich uns die Aufgabe gestellt, $g_i^k(x_{i+1}, x_i, \ldots, x_1)$ (mod $\mathfrak{P}_i$) oder, was dasselbe ist, $g_i^k(x, \alpha_i, \ldots, \alpha_1)$ in K_i zu zerlegen. Entsprechend dem Verfahren des § 3 bestimmen wir zunächst die Nullstelle $\bar{\alpha}_{i+1}$ von $g_i^k(x_{i+1}, \alpha_i, \ldots, \alpha_1)$ als diejenige Restklasse von $R = K_i[x_{i+1}]/g_i^h(x_{i+1}, \alpha_i, \ldots, \alpha_1)$, die x_{i+1} enthält. ($\bar{\alpha}_{i+1}$ ist im allgemeinen von allen Wurzeln von $g_i^k(x_{i+1}, \alpha_i, \ldots, \alpha_1) = 0$ verschieden.) Wir brauchen nun ein primitives Element $\beta = \bar{\alpha}_{i+1} + \sum_{j=1}^{i} u_j \alpha_j$ von R und wollen nun untersuchen, welche speziellen Werte für u_j

dabei am zweckmäßigsten sind. Dazu betrachten wir das Ideal $\mathfrak{J} = (f(x_1), f_1^1(x_2, x_1), \ldots, f_{i-1}^1(x_i, \ldots, x_1), g_i^k(x_{i+1}, \ldots, x_1))$. Es kann nun sein, daß es eine Gruppe $\mathfrak{H}$ von Permutationen der Unbestimmten $x_1, \ldots, x_i, x_{i+1}$ gibt, die $\mathfrak{H}$ invariant lassen.

$\mathfrak{H}$ hat nur sehr lose mit der GALOISschen Gruppe zu tun. Es sei $\mathfrak{G}_i$ die Untergruppe derjenigen Permutation von $\mathfrak{G}$, die $(\alpha_1, \ldots, \alpha_i)$ in sich dann von selbst $g_i^k(x_{i+1}, \alpha_i, \ldots, \alpha_1)$ und $\bar{\alpha}_{i+1}$ in sich und die übrigen Wurzeln in sich permutieren. Die dabei auftretenden Permutationen von $(\alpha_1, \ldots, \alpha_i)$ allein bilden eine Faktorgruppe $\mathfrak{F}_i$ von $\mathfrak{G}_i$. Von $\mathfrak{H}$ kann man nur sagen, daß es $\mathfrak{F}_i$ umfaßt.

Ist nun β eine solche Funktion der Wurzeln $\alpha_1, \ldots, \alpha_i, \bar{\alpha}_{i+1}$, die bei $\mathfrak{H}$ invariant bleiben, so erzeugt β einen Unterkörper, dessen Index mindestens gleich der Ordnung von $\mathfrak{H}$ ist. Oft empfiehlt es sich, zunächst diesen Unterkörper zu konstruieren und von da aus weiter aufzusteigen.

Wir betrachten insbesondere den Fall, daß $\mathfrak{H}$ die zyklische Gruppe $\mathfrak{z}$ der q-ten Ordnung enthält ($q = i + 1$). Es sei σ das erzeugende Element. Die Größen $\alpha_1, \ldots, \alpha_i, \bar{\alpha}_{i+1}$ seien so angeordnet, daß σ jede Größe zyklisch in die nächste überführt. Durch die Zerlegung (mod $\mathfrak{P}_i$) von $g_i^k(x_{i+1}, \ldots, x_1)$ in irreduzible Faktoren wird das Ideal $\mathfrak{J}$ in Primideale zerlegt, deren Durchschnitt dann wieder $\mathfrak{J}$ ergibt.

Wir wollen die Zerlegung von $g_i^k(x_{i+1}, \ldots, x_1)$ in zwei Schritten vornehmen. Wir zerlegen $\mathfrak{J}$ zunächst in solche Komponenten, die einzeln bei $\mathfrak{z}$ invariant bleiben (Zerlegung 1. Art), und dann weiter in solche Komponenten, die sich bei $\mathfrak{z}$ zyklisch vertauschen (Zerlegung 2. Art). Ihre Anzahl ist ein Teiler von q. Die zugehörigen Faktoren von $g_i^k(x_{i+1}, \ldots, x_1)$ brauchen dabei formal bei $\mathfrak{z}$ nicht ineinander übergehen, sondern sie werden sich dabei im allgemeinen noch mit Einheiten multiplizieren. Die Berechnung dieser Einheiten dürfte im allgemeinen einigen Rechenaufwand erfordern, ist aber für unsere Zwecke entbehrlich.

Um die erwähnte Zerlegung nun durchzuführen, setzen wir

$$\beta = \bar{\alpha}_{i+1} + \sum_{j=1}^{i} \zeta^j \alpha_j,$$

wo ζ eine primitive q-te Einheitswurzel ist. Es ist $\sigma(\beta) = \zeta \cdot \beta$, also $\sigma(\beta^q) = \beta^q$. Nun bilden wir $N(z - \beta^q)$. Dies liegt $K[x]$, und wir können es zunächst in $K[x]$ in irreduzible Faktoren zerlegen. Die (mod $\mathfrak{P}_i$) größten gemeinsamen Teiler mit $g_i^k\left(z - \sum_{j=1}^{i} \zeta_j \alpha_j, \alpha_i, \ldots, \alpha_1\right)$ liefern dann die Zerlegung 1. Art. Eine Zerlegung von $N(z - \beta_q)$ über

$K(\zeta)$ kann möglich, dürfte aber im allgemeinen schwer zu finden sein. Ihr entspräche eine Zerlegung von $g_i^k(x_{i+1}, \alpha_i, \ldots, \alpha_1)$ über $K_i(\zeta)$. Wenn sie nicht leicht sichtbar sein sollte, dürfte es sich kaum verlohnen, nach ihr zu suchen.

Nun setzen wir $z = t^q$. Dann ist $N(t^q - \beta^q) = N(t - \beta)$. Auf der rechten Seite ist dabei die Zerlegung in Konjugierte weiter getrieben: Die Norm links ist zu bilden in bezug auf $K_i[\bar{\alpha}_{i+1}]$, die Norm rechts in bezug auf $K_i(\zeta)[\bar{\alpha}_{i+1}]$. Nun haben wir sie über $K(\zeta)$ zu zerlegen. Wir denken dabei daran, daß ihr eine Zerlegung 2. Art von $g_i^1(x_{i+1}, \ldots, x_1)$ entsprechen muß, daß uns also nur ein solches System von Faktoren etwas angeht, das bei den Substitutionen $t \to t\zeta^a$ $(a = 0, 1, \ldots, q-1)$ in sich übergeht. Außerdem gehen natürlich die Faktoren bei den Automorphismen von $K(\zeta)$ ineinander über. Sollen sie diese beiden Bedingungen erfüllen, so müssen sie die Gestalt $\sum_{j=0}^{i-1} F_j(t^q)(\zeta^a t)^j$ haben $(a = 0, 1, \ldots, i-1)$; dabei ist $F_j(t^q) \in K[t^q]$; denn $F_j(t^q)$ darf sich bei den Automorphismen nicht ändern, da es sich ja auch bei den Substitutionen $t \to t\zeta^a$ nicht ändert und beide dasselbe leisten sollen. Die Faktoren haben den gleichen Grad, und ihre Anzahl ist ein Teiler von q und natürlich ein Teiler des Grades von $N(t - \beta)$. Sind diese beiden Zahlen teilerfremd, so ist eine Zerlegung 2. Art nicht möglich. Insbesondere gibt $a = 0$ eine Zerlegung in $K[t]$. Dieser Faktor ist also ohne Adjunktion von ζ zu berechnen. Die übrigen Faktoren ergeben sich dann durch die Substitutionen $t \to t\zeta^a$. Diese Faktoren brauchen, wie gesagt, in $K(\zeta)$ nicht irreduzibel zu sein. Die entsprechenden Faktoren von $g_i^k(x_{i+1}, \alpha_i, \ldots, \alpha_1)$ sind jedenfalls in $K_i[x_{i+1}]$ irreduzibel.

Enthält jedoch $\mathfrak{H}$ nicht die zyklische Gruppe q-ter Ordnung, so ist $N(z - \beta^q)$ vom gleichen Grad wie $N(t - \beta)$; es hat also keinen Sinn nach $N(z - \beta^q)$ zu fragen. $N(t - \beta)$ wird Koeffizienten aus $K(\zeta)$ haben, mit denen zu rechnen wesentlich umständlicher ist als mit rationalen Zahlen oder Zahlen eines quadratischen Körpers. Ein Vorteil ist immerhin, daß die Zahlkoeffizienten klein bleiben, was man schon bei verhältnismäßig kleinen u_j nicht erwarten kann.

Darüber, welcher Vorteil überwiegt, liegt noch keine Erfahrung vor.

Ist $\mathfrak{H}$ die symmetrische Gruppe, so erweist sich die Arbeit mit $\beta = \beta_s = \bar{\alpha}_{i+1} + \sum_{j=1}^{i} \alpha_j$ für die Rechnung als besonders einfach. Zerfällt $N(t - \beta_s)$ in verschiedene Faktoren aus $K[t]$, so kann man bei der weiteren Rechnung von dem einen oder anderen dieser Faktoren ausgehen. Zerfällt es nicht in gleiche Faktoren, so kann auch $N(t - \beta_s)$ nur solche Faktoren haben, deren Grad ein Vielfaches des Grades des soeben konstruierten Körpers ist. Die Arbeit mit β_s scheint sich also auf jeden Fall zu lohnen. Auch wenn $\mathfrak{H}$ nicht die symmetrische Gruppe ist, kann die Arbeit mit β_s sinnvoll sein. Ist $\mathfrak{H} = \mathfrak{E}$, so ist β_s erzeugendes Element von $K_i[\bar{\alpha}_{i+1}]$.

Es scheint mir kein Grund dafür vorzuliegen, das primitive Element, das man bei der Konstruktion von K_i benutzt hatte, mit $\bar{\alpha}_{i+1}$ zu dem primitiven Element von $K_i[\bar{\alpha}_{i+1}]$ zusammenzusetzen. Man kann von der Rechnung, die bei der Konstruktion von K_i nötig war, nichts übernehmen. Man wird also bei jedem Schritt alle u_j nach Zweckmäßigkeit neu wählen.

§ 6. Zerlegung rationaler Polynome im rationalen Zahlenkörper

In § 3 hatte sich uns die Aufgabe gestellt, ein reguläres Polynom $F(x) = \sum_{i=0}^{N} f_i x^i$ mit ganzen rationalen Koeffizienten in irreduzible Faktoren zu zerlegen. Wir schließen den trivialen Fall aus, daß $F(x)$ eine ganzzahlige Nullstelle hat. Wir beschränken uns hier darauf, die Zerlegung in zwei Faktoren von den Graden n und m, nämlich $G(x) = \sum_{i=0}^{n} g_i x^i$ und $H(x) = \sum_{i=0}^{m} h_i x^i$ zu beschreiben; die weitere Zerlegung kann dann ja nach demselben Verfahren vor sich gehen. Dabei sei $G(x)$ irreduzibel.

Ehe wir ein Verfahren angeben, $G(x)$ zu berechnen, wollen wir zunächst eine Abschätzung für die Koeffizienten g_i suchen. Dazu wählen wir $(n+1)$ ganzzahlige Werte $x_1, \ldots, x_{n+1}$ von x, am zweckmäßigsten die Werte $0, \pm 1, \ldots, \underset{(-)}{+} r$, wo $r = \left[\frac{n+1}{2}\right]$. Es sei

$$F(x_k) = \sum_{i=0}^{N} f_i x_k^i = a_k \text{ und } G(x_k) = \sum_{i=0}^{n} g_i x_k^i = b_k \quad (k = 1, \ldots, n+1).$$

Da G ein Teiler von F und $a_k \neq 0$ ist, ist $b_k \leq a_k$. Umgekehrt lassen sich die g_i aus den b_k mit Hilfe der LANGRANGEschen Interpolationsformel berechnen.

Es sei

$$L_k = \frac{\prod_{j=1}^{n+1}{}' (x - x_j)}{\prod_{j=1}^{n+1}{}' (x_k - x_j)}, \tag{1}$$

wobei in Π' der Faktor, der $j = k$ entspricht, nicht vorkommt.

Es sei $L_k = \sum_{l=0}^{n} c_{kl} x^l$. Wir wollen die c_{kl} abschätzen. Dazu ersetzen wir in (1) im Zähler alle x_j durch r. x^l ist in (1) im Zähler mit der $(n-1)$-ten elementarsymmetrischen Funktion der x_j multipliziert; sie enthält $\binom{n}{n-l}$ Glieder. Es ist $\binom{n}{n-l} = \frac{n}{1} \cdot \frac{n-1}{3} \cdots \frac{l+1}{n-l}$. Wir schätzen den ersten Faktor durch $2r$, die übrigen Faktoren durch r nach oben ab. Den Nenner von L_k schätzen wir nach unten durch 1 ab. Es ist also $c_{kl} \leq r^l \binom{n}{n-l} \leq 2r^n$. Es wird weiter

$$G(x) = \sum_{k=1}^{n+1} b_k L_k = \sum_{k=0}^{n+1} b_k \sum_{i=0}^{n} c_{ki} x^i,$$

also

$$g_i = \sum_{k=1}^{n+1} b_k c_{ki} \leq \sum_{k=1}^{n+1} |b_k c_{ki}| \leq \sum_{k=1}^{n+1} |a_k c_{ki}| \leq \sum_{k=1}^{n+1} \sum_{l=0}^{N} |c_{ki}| |f_l| |x_k^l|,$$

also

$$g_i \leq 2r^{2n} \sum_{k=0}^{N} |f_k| . \tag{2}$$

Runge [5] hat eine andere Abschätzung gegeben, die in den f_k jedoch nicht linear ist, und daher für große f_k ungünstig wird.

Zur wirklichen Auffindung $G(x)$ und $H(x)$ gelangt man wohl am besten mit dem folgenden von Hensel [2], Kap. 4, angegebenem Verfahren:

Es sei p eine Primzahl, die nicht in der Diskriminante von F aufgeht. Wir denken uns alle Polynome p-adisch entwickelt, und zwar sollen die Koeffizienten zwischen 0 und $p-1$ (beides einschließlich) liegen. Es sei also $F = \sum_{i=0}^{n} F_i p^i, G = \sum_{i=0}^{n} G_i p^i$, $H = \sum_{i=0}^{n} H_i p^i$. Wir versuchen zunächst F_0 (mod p) in $G_0 H_0$ zu zerlegen. Da p in der Diskriminante nicht aufgeht, sind G_0 und H_0 teilerfremd. Da es nur endlich viele (mod p) verschiedene Polynome von der Gradzahl m und n gibt, ist in endlich vielen Schritten durchzuprobieren, ob und welche Zerlegung es gibt. Sind allerdings p, n und m nicht ganz klein, so wird die Liste der zugehörigen Primpolynome sehr lang und die Zahl der Proben sehr groß werden. Ein anderes Verfahren beruht auf dem folgenden: Da $G(x)$ irreduzibel und vom Grad n ist, definiert $G(x)$ (mod p) das Galois-Feld $GF(p^n)$ und ist ein Teiler von $x^{p^n-1} - 1$. Zu seiner Berechnung hätte man nur den größten gemeinsamen Teiler (mod p) von $F(x)$ und $x^{p^n-1} - 1$ aufzusuchen. Jedoch wird dieses Verfahren meistens an dem hohen Grade $p^n - 1$ scheitern.

Ist erst einmal G_0 und H_0 bestimmt, so ist die Berechnung der nächsten Koeffizienten der p-adischen Entwicklung verhältnismäßig einfach. Ein Vergleich der Koeffizienten von p^i in $F(x) = G(x)\, H(x)$ liefert für G_i und H_i eine Kongruenz der Form

$$G_i H_0 + H_i G_0 \equiv C \pmod{p}, \tag{3}$$

wobei C ein Ausdruck in den F_j und den Koeffizienten $G(x)$ und $H(x)$ mit x kleinerem Index als i ist. Diese Kongruenz ist eindeutig lösbar, wenn wir fordern, daß G_i und H_i höchstens von den Gradzahlen $m - 1$ und $n - 1$ sind.

Wir erhalten so $G(x)$ und $H(x)$ als p-adische Polynome. Werden von einem gewissen Schritte ab alle Koeffizienten einer bestimmten Potenz von x gleich $p - 1$, so führen wir vermöge der p-adischen Identität $-1 = (p-1) + p(p-1) + p^2(p-1) + \cdots$ negative Zahlen ein.

Bricht das Verfahren ab, so haben wir eine Zerlegung von $F(x)$ mit ganzen rationalen Koeffizienten gefunden; im anderen Fall ist keine Lösung mit den angegebenen Anfangsgliedern G_0 und H_0 möglich. Da wir in (2) eine Schranke für die Koeffizienten von G haben, genügt es, das Verfahren so weit fortzusetzen, bis p^i diese Schranke erreicht hat.

In der praktischen Rechnung wird man von vornherein auch negative Koeffizienten, also alle Werte $-(p-1), -(p-2), \ldots, -1, 0, 1, \ldots, (p-1)$ zulassen. Nur kann man für die Frage, ob der negative oder positive Koeffizient zu wählen ist, keine allgemein gültige Entscheidung treffen, muß sich also in der theoretischen Untersuchung auf ein volles Restsystem, etwa auf positive Koeffizienten beschränken.

Geht p in der Diskriminante auf, so hat $F_0 \pmod{p}$ einen mehrfachen Faktor, der leicht zu bestimmen ist; die Berechnung von G_0 und H_0 ist in diesem Fall wesentlich einfacher als im vorherigen. Freilich sind dann die Kongruenzen (3) nicht mehr sicher und nicht mehr eindeutig lösbar. Ist eine Kongruenz lösbar, wird man die Mehrdeutigkeit durch Einführung von unbestimmten Parametern zu berücksichtigen haben. Diese Parameter lassen sich dann bei den nächsten Schritten aus der Bedingung berechnen, daß das System lösbar sein soll.

§ 7. Faktorzerlegung in quadratischem Zahlenkörper

Es sei $F(x)$ ein irreduzibles Polynom vom Grade $2n$ aus $K[x]$. Wir fragen, ob es sich über $K(\sqrt{d})$ in

$$(4) \qquad F(x) = G(x) \cdot H(x) = (P(x) + Q(x)\sqrt{d})(P(x) - Q(x)\sqrt{d})$$

mit $P(x), Q(x) \in K[x]$ zerlegen läßt. Das in § 3 angezeigte Verfahren könnte man natürlich auch hier anwenden, aber wir wollen nach einfacheren Wegen suchen.

Angenommen eine solche Zerlegung wäre möglich. Es sei p eine Primzahl, die in d aufgeht; wir denken uns $P(x)$ und $Q(x)$ p-adisch entwickelt: $P(x) = \sum_{i=0} P_i(x)p^i, Q(x) = \sum_{i=0} Q_i(x)q^i$. Das Anfangsglied $P_0(x)$ errechnet sich leicht: Wenn die Zerlegung überhaupt möglich sein soll, muß ja $F(x)$ (mod p) einem Quadrat kongruent sein. Zur Bestimmung des Anfangsgliedes der Reihe für $Q(x)$ ist jedoch eine quadratische Kongruenz nach dem Doppelmodul $(P_0(x), p)$ zu lösen, was im allgemeinen recht mühevoll sein kann.

Ist p eine ungerade Primzahl, für die d quadratischer Rest ist, so sei $w^2 \equiv d(p)$. Wir versuchen, ob sich $F(x)$ (mod p) in zwei Faktoren $F_1(x)$ und $F_2(x)$ zerlegen läßt. Wir setzen $\frac{1}{2}(F_1(x) + F_2(x)) \equiv P_0(p)$ und $\frac{1}{2w}(F_1(x) - F_2(x)) \equiv Q_0(x)\ (p)$; dabei sind $\frac{1}{2}$ und $\frac{1}{2w}$ diejenigen ganzen Zahlen, für die $\frac{1}{2} \cdot 2 \equiv 1$ und $\frac{1}{2w} \cdot 2w \equiv 1\ (p)$ ist. Dann ist $F(x) \equiv (P_0(x) + Q_0(x)\sqrt{d})(P_0(x) - Q_0(x)\sqrt{d})\ (p)$.

Primzahlen, für die d quadratischer Nichtrest ist, sind für das Verfahren weniger geeignet. Bei jedem folgenden Schritt eine Kongruenz der Form

$$(5) \qquad P_0(x) \cdot U(x) + Q_0(x) \cdot V(x) = C(x)\ (p)$$

zu lösen. Sind $P_0(x)$ und $Q_0(x)$ teilerfremd, so ist dies immer eindeutig möglich; geht jedoch p in der Diskriminante auf, so können sie einen Faktor gemeinsam haben, und dadurch verwickelt sich das Verfahren. Wie in § 6 bemerkt, ist jede dieser Kongruenzen nicht mehr eindeutig lösbar, sondern die Lösung hängt noch von unbestimmten Parametern ab. Diese bestimmen sich dann in den folgenden Kongruenzen daraus, daß der gemeinsame Faktor von $P_0(x)$ und $Q_0(x)$ auch ein Teiler der rechten Seite sein muß. Brechen die p-adischen Entwicklungnen von $P_0(x)$ und $Q_0(x)$ ab, so ist die Zerlegung geleistet. Lassen sich andererseits die Parameter nicht so bestimmen, daß die Kongruenzen (5) lösbar werden, oder gibt es schon kein P_0 oder kein Q_0, das den angegebenen Bedingungen genügt, so ist die Unzerlegbarkeit gezeigt. Eine dritte Möglichkeit ist, daß die Kongruenzen (5) alle lösbar sind, daß aber die p-adischen Entwicklungen von $P(x)$ und $Q(x)$ nicht abbrechen. Um zu entscheiden, ob eine Entwicklung abbricht oder nicht, brauchen wir eine Abschätzung derart, daß die Entwicklung, wenn sie überhaupt abbricht, dann spätestens mit dem N-ten Gliede abbricht. Die Abschätzung (2) des § 6 können wir dann für die Koeffizienten von G und von H gleichzeitig ansetzen. Die Koeffizienten von P sind dann gleich der halben Summe, die von Q gleich $\frac{1}{2\sqrt{d}}$ mal der halben Differenz der Koeffizienten von G und H. Für sie gelten also dieselben Abschätzungen.

§ 8. Bestimmung der GALOISschen Gruppe

Wir suchen zunächst eine solche Permutation τ_i^k der Gruppe, die $\alpha_1, \ldots, \alpha_{i-1}$ festhält und α_i in eine bestimmte Wurzel α_k überführt, die wir dann auch β_i nennen wollen. Angenommen, es sei uns $\tau_i^k(\alpha_i) = \beta_i$, $\tau_i^k(\alpha_{i+1}) = \beta_{i+1}, \ldots, \tau_i^k(\alpha_{j-1}) = \beta_{j-1}$ bekannt. Es sei $\Lambda = K(\alpha_i, \ldots, \alpha_{i-1})$. Es sei α_h diejenige unter den Größen $\beta_i, \ldots, \beta_{j-1}$, die in der Bezeichnung $\alpha_1, \ldots, \alpha_n$ den größten Index hat. Wir bilden den Körper $M = \Lambda(\alpha_{i+1}, \ldots, \alpha_h)$. Dann enthält M die Wurzeln β_i, $\beta_{i+1}, \ldots, \beta_{j-1}$. In M gilt nach § 2 die Zerlegung

$$f(x) = \prod_{j=1}^{h} (x - \alpha_j) \prod_{r=1}^{s_h} f_h^r(x, \alpha_h, \ldots, \alpha_1).$$

Aus der weiteren Zerlegung sind uns die Nummern der Wurzeln der Faktoren $f_h^r(x, \alpha_h, \ldots, \alpha_1)$ bekannt.

Wir gehen nun zurück auf den Körper $N = \Lambda(\beta_{i+1}, \ldots, \beta_{j-1})$. Nun sind $\Lambda(\alpha_{i-1}, \ldots, \alpha_{j-1})$ und N isomorph, die Faktorzerlegungen von $f(x)$ also auch.

Von den Faktoren $f_h^r(x, \alpha_h, \ldots, \alpha_1)$ müssen sich dann immer einige zu einem bereits bekannten Polynom aus $N[x]$ zusammenfügen lassen. Da nur endlich viele Polynome zur Auswahl stehen, können wir die zusammengehörigen in endlich vielen, und zwar wenigen und leichten

Proben herausfinden. Wir müssen dazu nur alle Größen durch die Basis von M ausdrücken, also unter Umständen vielgliedrige Polynome hohen Grades ineinander einsetzen. Man wird dabei zweckmäßig erst einmal die zweithöchsten Glieder betrachten. Die Summe ihrer Koeffizienten in den Faktorpolynomen muß ja dann den im Produktpolynom ergeben.

In dem Faktor $f_j^1(x, \beta_{i+1}, \ldots, \beta_{j-1}) \in N[x]$ sind nun bekannte Faktoren $f_h^r(x, \alpha_h, \ldots, \alpha_1)$ zusammengefaßt, von deren Wurzeln wir die Nummern kennen. Eine davon, und zwar zweckmäßigerweise die erste eines beliebigen dieser Faktoren, nennen wir β_j und ordnen sie der Wurzel α_i von $f_j^{r\,1}(x, \alpha_{i+1}, \ldots, \alpha_{j-1})$ zu. Nach n Schritten haben wir so den Isomorphismus konstruiert.

Die Summe aller Gruppenelemente g erhalten wir dann in der Form

$$\Sigma g = \prod_{i=1}^{n-2} \sum_k (\tau_i^k)^{-1}.$$

k durchlaufe dabei die Nummern der Wurzel von $f_i^1(x, \alpha_i, \ldots, \alpha_1)$. Die Reihenfolge der Faktoren soll dabei mit der Reihenfolge ihrer Ausführungen übereinstimmen (die Faktoren sollen also von rechts nach links angeordnet sein).

Denn durch $(\tau_1^{k_1})^{-1}$ wird eine Wurzel von der k_1-ten an die erste Stelle gebracht und dann im folgenden festgehalten. Nach Ausführung von $i-1$ Faktoren liegen die ersten $i-1$ Wurzeln fest; durch den i-ten Faktor wird dann die k_i-te Wurzel an die i-te Stelle gebracht und im folgenden festgehalten. Auf diese Weise erhalten wir in der Tat alle Gruppenelemente.

§ 9. Beispiele

Wir wollen uns das Verfahren an einigen Beispielen ansehen. Ein sehr einfaches Beispiel, für das allerdings die angegebene allgemeine Methode zu umständlich ist, wäre $f(x) = x^3 + x^2 - 2x - 1$. Es ist

$$f(x_2) \equiv (x_2 - x_1) \cdot g_1^1(x_2, x_1) \bmod f(x_1),$$

$g_1^1(x_2, x_1) = x_2^2 + x_2 x_1 + x_1^2 + x_2 + x_1 - 2$. Hier ist $\mathfrak{J} = (f(x_1), g_1^1(x_2, x_1))$, und dies ist invariant gegenüber der Vertauschung (x_1, x_2). Also ist $\mathfrak{H}$ die dadurch erzeugte Gruppe, es ist $q = 2$, $\zeta = -1$; wir setzen $\beta = \alpha_2 - \alpha_1$. Um nun $N(z - \beta^2)$ zu berechnen, betrachten wir den Ring $R = K[x_1, x_2]/\mathfrak{J}$, und in R denjenigen Unterring, der aus allen Elementen besteht, die bei $\mathfrak{H}$ invariant bleiben. Eine Basis für diesen Unterring ist $\omega_0 = 1$, $\omega_1 = x_1 + x_2$, $\omega_2 = x_1 x_2$ mit der Multiplikationstabelle

	ω_0	ω_1	ω_2
ω_0	ω_0	ω_1	ω_2
ω_1	ω_1	$2\,\omega_0 - \omega_1 + \omega_2$	$-\omega_0 - \omega_2$
ω_2	ω_2	$-\omega_0 - \omega_2$	$-\omega_1 - 2\omega_2$.

Es ist
$$\begin{aligned} \beta^2 &= 2 - \omega_1 - 3\omega_2, \\ \beta^2\omega_1 &= 1 + 3\omega_1 + 2\omega_2, \\ \beta^2\omega_2 &= 1 + 3\omega_1 + 9\omega_2, \end{aligned}$$

also
$$N(z - \beta^2) = \begin{vmatrix} z-2 & 1 & 3 \\ -1 & z-3 & -2 \\ -1 & -3 & z-9 \end{vmatrix} = z^3 - 14z^2 + 49z - 49,$$

und das ist irreduzibel, aber es ist

$$N(t^2 - \beta^2) = t^6 - 14t^4 + 49t^2 - 49 = (t^3 - 7t + 7)(t^3 - 7t - 7)$$

$= F_1(t)F_2(t)$. $F_1(t) = 0$ und $F_2(t) = 0$ sind Gleichungen für β. Um aus ihnen die Gleichungen für α_2 zu bekommen, setzen wir $t = x_2 - x_1$; dann wird $f_i^1(x_2, x_1) = (F_i(x_2 - x_1), g_1^1(x_2, x_1))$ $(i = 1, 2)$. Dies ergibt

$$\begin{aligned} f_1^1(x_2, x_1) &= x_2 - x_1^2 + 2, \\ f_1^2(x_2, x_1) &= x_2 + x_1^2 + x_1 - 1. \end{aligned}$$

Es ist

$$\begin{aligned} f_1^1(x_1, x_2) &= (x_1 + 1) f_1^2(x_2, x_1), \\ f_1^2(x_1, x_2) &= -x_1 f_1^1(x_2, x_1). \end{aligned}$$

Unter $\mathfrak{H}$ vertauschen sich also $f_1^1(x_2, x_1)$ und $f_1^2(x_2, x_1)$ unter Multiplikation mit den Einheiten $(x_1 + 1)$ und $-x_1$. Da $\alpha_2, \alpha_3 \in K(\alpha_1)$, ist die GALOISsche Gruppe $\mathfrak{G}$ die zyklische Gruppe 3. Ordnung. $\mathfrak{H}$ hat mit $\mathfrak{G}$ gar nichts zu tun.

Ein zweites Beispiel:

$$f(x) = x^5 + 5x^3 + 5x - 1,$$
$$f(x_2) \equiv (x_2 - x_1)\, g_1^1(x_2, x_1) \pmod{f(x_1)},$$

dabei ist

$$g_1^1(x_2, x_1) = f_1^1(x_2, x_1) = x_1^4 + x_1^3 x_2 + x_1^2 x_2^2 + x_1 x_2^3 + x_2^4 + 5x_1^2 + 5x_1 x_2 + 5x_2^2 + 5,$$

und dies ist irreduzibel.

Es ist

$$f(x_3) \equiv (x_3 - x_1)(x_3 - x_2)\, g_2^1(x_3, x_2, x_1) \pmod{f(x_1),\, g_1^1(x_2, x_1)}\,.$$

Dabei ist

$$g_2^1(x_3, x_2, x_1) = x_1^3 + x_1^2 x_2 + x_1 x_2^2 + x_2^3 + x_1^2 x_3 + x_1 x_2 x_3 + x_2^2 x_3 + x_1 x \\ + x_2 x_3^2 + x_3^3 + 5(x_1 + x_2 + x_3).$$

Das Ideal

$$\mathfrak{J} = (f(x_1), f_1^1(x_2, x_1), g_2^1(x_3, x_2, x_1))$$

gestattet die Permutationen der $\mathfrak{S}_3$ in sich; wir werden also bei der Wahl des primitiven Elementes zweckmäßig die dritten Einheitswurzeln als Koeffizienten einsetzen. Dagegen lohnt es sich nicht, $\alpha_1 + \alpha_2 + \alpha_3$ zu betrachten, denn dies ist gleich $-\alpha_4 - \alpha_5$. Die Berechnung der Norm und ihre Zerlegung wurde nicht durchgeführt, da kein Rechenautomat zur Verfügung stand.

Dann gestattet $g_2^1(x_3, x_2, x_1)$ keine Zerlegung 1. Art, wohl aber eine Zerlegung 2. Art $\prod\limits_{r=1}^{3} f_2^r(x_3, x_2, x_1)$ mit $f_2^r(x_3, x_2, x_1) = \frac{1}{5}(5x_3 - h^r(x_1, x_2))$. Die h_i wollen wir in rechteckigen Schemata hinschreiben. In der durch x_1^ϱ gekennzeichneten Spalte und der durch x_2^σ gekennzeichneten Zeile stehe dabei der Koeffizient von $x_1^\varrho x_2^\sigma$.

$h_1 =$

	x_1^4	x_1^3	x_1^2	x_1^1	x_1^0
x_2^3	2	−1	6	−2	0
x_2^2	−1	−2	−3	−4	0
x_2^1	6	−3	18	−6	−5
x_2^0	−2	−4	−6	−13	0

$h_2 =$

	x_1^3	x_1^2	x_1	x_1^0
x_2^3	+1	+2	+3	+4
x_2^2	+2	−1	+6	−2
x_2^1	+3	+6	+9	+12
x_2^0	+4	−2	+12	+4

$h_3 =$

	x_1^4	x_1^0	x_1^0	x_1^1	x_1^0
x_2^3	−2	0	−8	−1	−4
x_2^2	1	0	4	−2	2
x_2^1	−6	0	−24	−3	−12
x_2^0	2	0	8	−4	4

Daß hier $f_1^r(x_3, x_2, x_1)$ $(r = 1,2,3)$ bei der zyklischen Vertauschung (x_1, x_2, x_3) ineinander übergehen, ist nur mit einigem Rechenaufwand einzusehen. Es wird

$$\tau_2^3 = (2\ 3)\ (4\ 5),\ \tau_2^4 = (2\ 4\ 3\ 5),\ \tau_2^5 = (2\ 5\ 3\ 4) \text{ und}$$
$$\tau_1^2 = (1\ 2)\ (3\ 5),\ \tau_1^3 = (1\ 3)\ (2\ 4),\ \tau_1^4 = (1\ 4\ 2\ 3\ 5),\ \tau_1^5 = (1\ 5\ 3\ 2\ 4).$$

Die Gruppe ist also die volle metazyklische.

Bei dieser Gleichung kommt man wesentlich schneller zum Ziel, wenn man in $K(\sqrt{5})$ rechnet, da die Diskriminante gleich 5^5 ist. Die dabei möglichen Zerlegungen sind in [7] angegeben.

Literaturverzeichnis

[1] HAUPT, O., Algebra II, Leipzig 1929.

[2] HENSEL, K., Theorie der algebraischen Zahlen, Leipzig/Berlin 1908.

[3] KRULL, W., Elementare und klassische Algebra, Bd. 2, Sammlung Göschen 933.

[4] PERRON, O., Sitzungsberichte der Bayrischen Akademie 1928.

[5] RUNGE, C., Über die Zerlegung ganzer ganzzahliger Funktionen in irreduzible Faktoren, Journ. f. reine und angewandte Mathematik **99** (1886).

[6] TSCHEBOTARÖW, N., Grundzüge der Galoisschen Theorie, Groningen 1950.

[7] VAN DER WAERDEN, B. L., Moderne Algebra I, 1. Auflage, Leipzig/Berlin 1930.

[8] KELLER, O.-H., Eine Bemerkung zur Ausführung der körpertheoretischen Operation in erträglich vielen Schritten, Math. Ztschr. **63** (1955).

Fortsetzung von der 2. Umschlagseite

Band 99

Heft 1 Prof. Dr. HEINRICH BRANDT / Über das quadratische Reziprozitätsgesetz
18 Seiten – 8° – 1951 – DM 1,90 *(vergriffen)*

Heft 2 Prof. Dr. GEORG SPACKELER / Der Gebirgsdruck und seine Beherrschung durch den Bergmann 36 Seiten – 12 Abbildungen – 8° – 1951 – DM 1,65 *(vergriffen)*

Heft 3 Prof. Dr. ERNST DIEPSCHLAG / Die Anwendbarkeit der Regelungstechnik in der Hüttenindustrie 38 Seiten – 12 Abbildungen – 8° – 1952 – DM 3,90

Heft 4 Prof. Dr. ALBERT FROMME / Die Bedeutung der Entwicklungsgeschichte, besonders des Mesenchyms für die Klinik 24 Seiten – 8° – 1952 – DM 1,75 *(vergriffen)*

Heft 5 Dr. ROBERT BÖKER / Die Entstehung der Sternsphäre Arats
68 Seiten – 4 Abbildungen – 2 Falttafeln – 3 Tabellen – 8° – 1952 – DM 5,60

Band 100

Heft 1 Prof. Dr. HEINRICH BRANDT / Über Stammfaktoren bei ternären quadratischen Formen 24 Seiten – 8° – 1952 – DM 2,25

Heft 2 Dr. PAUL GÜNTHER / Zur Gültigkeit des Huygens'schen Prinzips bei partiellen Differentialgleichungen vom normalen hyperbolischen Typus
43 Seiten – 8° – 1952 – DM 5,–

Heft 3 Dr. ALFRED MÜLLER / Die Schaubarkeit in der Axonometrie
22 Seiten – 3 Falttafeln – 8° – 1952 – DM 3,– *(vergriffen)*

Heft 4 Prof. Dr.-Ing. ENNO HEIDEBROEK / Die Beziehungen zwischen Härte, Schmierung und Verschleißfestigkeit
Nachdruck – 40 Seiten – 10 Abbildungen – 8° – 1954 – DM 3,40

Heft 5 Prof. Dr. ROBERT SCHRÖDER / Frauenheilkunde in Forschung und Praxis
22 Seiten – 8° – 1952 – DM 1,35

Heft 6 Dr. ROLF REISSIG / Die pandiagonalen Quadrate vierter Ordnung
54 Seiten – 8° – 1952 – DM 5,–

Heft 7 Prof. Dr. MAX ROBITZSCH † / Die Erforschung der Atmosphäre, ihre Methodik und ihre Probleme
30 Seiten – 12 Abbildungen – 4 Kunstdrucktafeln – 8° – 1953 – DM 2,50

Band 101

Heft 1 Prof. Dr. KURT SCHWABE / Periodische Erscheinungen bei der anodischen Auflösung des Zinks 33 Seiten – 14 Abbildungen – 8° – 1954 – DM 3,–

Heft 2 Dr. UDO PRIL / Positive Lösungen einer nichtlinearen Integralgleichung
44 Seiten – 2 Abbildungen – 8° – 1953 – DM 4,–

Heft 3 Dr. JOACHIM FOCKE / Asymptotische Entwicklungen mittels der Methode der stationären Phase 2. unveränderte Auflage – 48 Seiten – 8° – 1957 – DM 4,80 *(vergriffen)*

Heft 4 Prof. Dr. HANS SALIÉ / Zur Verteilung natürlicher Zahlen auf elementfremde Klassen
26 Seiten – 8° – 1954 – DM 2,50 *(vergriffen)*

Heft 5 Prof. Dr.-Ing. ENNO HEIDEBROEK / Die Verantwortlichkeit des Ingenieurs
22 Seiten – 8° – 1954 – DM 1,– *(vergriffen)*

Heft 6 Prof. Dr. HANS SCHUBERT / Dr. ERICH SCHINCKE / Zur Ermittlung von Unterschallströmungen mit der Transformationsmethode bei quadratischer Approximation der Adiabate 32 Seiten – 6 Abbildungen – 2 Tabellen – 8° – 1955 – DM 2,30

Heft 7 Dr. HELMUT SCHAEFER / Neue Existenzsätze in der Theorie nichtlinearer Integralgleichungen 40 Seiten – 8° – 1955 – DM 2,40

Band 102

Heft 1 Dr. PAUL GÜNTHER / Über einige spezielle Probleme aus der Theorie der linearen partiellen Differentialgleichungen zweiter Ordnung
50 Seiten – 8° – 1957 – DM 4,60 *(vergriffen)*

Heft 2 Prof. Dr. HANS SCHUBERT / Dr. ERICH SCHINCKE / Zum Konturproblem der Hodographenmethode im Unterschall 25 Seiten – 8° – 1957 – DM 2,20

Heft 3 Prof. Dr. FRANZ RUNGE / Über die Polymerisation ungesättigter organischer Verbindungen 13 Seiten – 1 Tabelle – 8° – 1957 – DM 1,–

Heft 4 Dr. VICTOR VÂLCOVICI / Une extension des liaisons non holonomes et des principes variationnels
39 Seiten – 8° – 1958 – DM 2,40

Heft 5 Dr. ROLF KLÖTZLER / Beiträge zur Theorie mehrdimensionaler Variationsprobleme mit geknickten Extremalen
72 Seiten – 8° – 1958 – DM 4,30

Heft 6 Prof. Dr. PAULA HERTWIG / Strahlenschäden und Strahlenschutz im zellulären Bereich
43 Seiten – 14 Abbildungen – 6 Tabellen – 4 Tafeln – 8° – 1957 – DM 2,–

Heft 7 Prof. Dr. WILHELM TREIBS / Entwicklungslinien der organischen Chemie
25 Seiten – 8° – 1957 – DM 1,40

Band 103

Heft 1 Prof. Dr. GEORG SPACKELER / Über die Möglichkeit einer Lieferung von Magnesiumsulfat als Düngemittel seitens des Kalibergbaus der Deutschen Demokratischen Republik
Prof. Dr. ANTON ARLAND / Magnesium im Landbau
38 Seiten – 1 Abbildung – 2 Landkarten – 8° – 1958 – DM 1,90

Heft 2 Prof. Dr. HEINRICH BREDT / Über den Tod. Eine naturwissenschaftliche Betrachtung
26 Seiten – 8° – 1958 – DM 1,10 *(vergriffen)*

Heft 3 Dr. HANS WUSSING / Über Einbettungen endlicher Gruppen
38 Seiten – 8° – 1958 – DM 2,50

Heft 4 Prof. Dr. ERNST NEEF / Über die Veränderlichkeit unserer geographischen Umwelt
19 Seiten – 8° – 1959 – DM 1,20

Heft 5 Prof. Dr. WOLFGANG LANGENBECK / Zur Biochemie der Spurenmetalle. Mit Diskussionsbeiträgen
16 Seiten – 4 Tabellen – 8° – 1959 – DM 1,–

Heft 6 Prof. Dr. HANS SCHUBERT / Dr. ERICH SCHINCKE / Die Berechnung einer zirkulationslosen Unterschallströmung um den Kreiszylinder mit der Hodographenmethode
42 Seiten – 12 Abbildungen – 4 Tabellen – 8° – 1959 – DM 4,20

Heft 7 Prof. Dr. PAULA HERTWIG / Anpassung, Vererbung und Evolution
35 Seiten – 14 Abbildungen – 8° – 1959 – DM 3,20

Band 104

Heft 1 Prof. Dr. KARL SCHMALFUSS / Über das Ausmaß der biologischen Bindung des elementaren Stickstoffs. Der Einfluß assimilierbarer Stickstoffverbindungen.
19 Seiten – 2 Abbildungen – 6 Tabellen – 8° – 1960 – DM 1,35

Heft 2 Prof. Dr. ANTON LISSNER / Charakteristische Eigenschaften der Braunkohlen
20 Seiten – 10 Abbildungen – 3 Tabellen – 8° – 1960 – DM 2,–

Heft 3 Prof. Dr. FRITZ STATHER / Zur Charakteristik pflanzlicher und synthetischer Gerbstoffe und deren kombinierte Verwendung bei der Gerbung
19 Seiten – 8° – 1960 – DM 1,10

Heft 4 Prof. Dr. HEINRICH PRELL / Bemerkungen zur Geschichte der englischen Längenmaßsysteme
In Vorbereitung

Heft 5 Vorliegendes Heft

Bestellungen durch eine Buchhandlung erbeten

Vor 1945 erschienene Berichte antiquarisch durch den Akademie-Verlag, Berlin, zum Teil noch lieferbar

AKADEMIE-VERLAG · BERLIN

FSC
www.fsc.org
MIX
Papier | Fördert gute Waldnutzung
FSC® C083411

Zeitfracht Medien GmbH
Ferdinand-Jühlke-Straße 7
99095 Erfurt, Deutschland
produktsicherheit@kolibri360.de

Understanding Indian Politics